园博建筑的创新性

苏州太湖园博园建筑设计探索

编著 戴春 庄勤华

U0337556

Innovations in Architecture at Suzhou Taihu Garden Expo

Edited by DAI Chun, ZHUANG Qinhua

同济大学出版社
TONGJI UNIVERSITY PRESS

编委信息

编委：冯建荣、沈雪华、徐雪棣、周菊坤、张忠霖、
　　　沈博名、祁刚
支持单位：苏州市吴中区园博工作局
参编建筑师：董功、赵扬、张轲、王硕、王路、李坚

编辑团队
编著：戴春、庄勤华
编辑成员：朱华新、张齐川、成晋晋、笪静、黄玲玲、
　　　　　金子佚、吴以琛、陈海霞
书籍设计：绵延工作室 | Atelier Mio
新媒体与活动合作：境现传媒、Let's Talk 学术论坛
出版统筹：冯九实
协助：金怡

序言

水墨江南 · 园林生活

第九届江苏省园艺博览会（苏州）（以下简称"苏州园博会"，现为苏州太湖园博园）于 2016 年 4 月 18 日至 5 月 18 日举行。博览园选址于苏州市吴中区临湖镇，坐落于国家 AAAAA 级景区苏州吴中太湖旅游区东山、旺山和穹窿山的三角腹地。整个博览园占地面积为 236 公顷，核心展区 110 公顷，共规划了苏州园、城市园、友城园等各具特色的 22 个主题展园，精心打造了主展馆、非遗馆等 12 个主题展馆。本书呈现的设计项目源自园博会的几个重要功能建筑，包括董功设计的苏州非物质文化遗产博物馆、张轲设计的园博会主题馆、赵扬设计的钱绍武园艺酒店、王硕设计的园博会运营管理中心、壹方建筑设计的服务建筑系列（巧克力与花艺馆等）。

本届园博会以"水墨江南 · 园林生活"为主题，秉承"交流、示范、探索、创新"的宗旨，努力绘就以唯美的太湖山水、古典的苏式园林、本真的江南村庄和深厚的古吴底蕴为主要元素的一园江南梦境图。这批博览建筑的设计委托，也从这一主题出发，邀请到一批有创造力的年轻建筑师，在重要功能建筑的设计中对苏州的城市与文化做出回应，同时，对当代语境下园博建筑如何创新进行了有价值的尝试与讨论。

在苏州做设计：延续苏州园林的精神性

苏州园林在中国具有非常大的影响力，所以，在苏州设计园博建筑很不容易，既有非常高的城市原有特征的要求，又对建筑的创新性有一定的诉求。在深厚的园林文化的影响下，苏州的建筑设计一度被"苏州模式"所束缚，偏重模仿粉墙黛瓦形式的新江南园林、民居风格，而少有结合传统的当代性表达。在此次园博建筑设计过程中，各事务所的年轻建筑师从多维度展开创新探索，力求突破苏州新江南建筑风格的惯性。

董功（直向建筑）的设计以体量拆分、置入院落并相互连接的手法来回应建筑所属的自然性场地并消解建筑的体积，同时对本土的空间意向进行延续。作品将原始单一的建筑拆分成建筑聚落，以风雨廊道连接，营造出多样的、介于室内与室外的模糊空间。

张轲（标准营造）探讨了如何在不使用任何符号装饰的前提下，做到有苏州的神韵。作品以室外空间和半室外空间的转绕、曲折和连续性，用空间而不是符号的方式，让大多数体验者能够强烈地体验到这是苏州的建筑，感受到苏州的韵味。

赵扬（赵扬建筑事务所）的设计从场地策略与生活方式两个方向，呈现园博建筑自然而然的独特性。苏州园林本身就是场地与生活方式结合的范例，在这块场地上，向园林学习，通过一系列的建筑空间手段创造出丰富的境界和层次变化。

王硕（META-工作室）从历史苏州的生长状态研究出发，提出"城乡群落作为当代庭园建筑的新原型"的设计策略，把当代的城市看作一种重叠的社会、文化、经济与日常生活的关系，试图让新的园林建筑重新建立起和周围社会环境的关系。

王路、李坚（壹方建筑）设计的四个不同功能的单体建筑，根据不同的场地形式，调整建筑的态度，或延续场地肌理、或下沉、或映衬、或架空，使建筑成为场地的组成部分，并通过白墙、漏窗、木格扇等呼应苏州的传统特征。

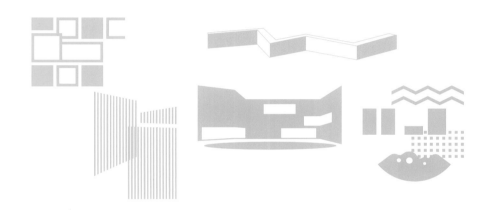

苏州园博会顺利开园，让世人再一次体会到一个好的建筑的实现，需要建设方、业主方、运营方的大力支持。在相关建设管理和设计单位的支持下，我们以出版物的形式对这批重要建筑的实践进行系统性的梳理与回顾，力求全面呈现这一批园博建筑的设计思路，并就设计师在园博建筑的创新性、对苏州园林精神的延续等实验进行深入探讨。本书也是国内首次探讨园博建筑创新性的出版物，其中既有在空间与文化层面上的理论探讨，又有实践过程中的一手资料，具有理论结合实际的指导意义，对于研究中国当代建筑中园林文化的表达具有重要的参考价值。

戴春
《时代建筑》杂志运营总监、责任编辑
Let's Talk 学术论坛创始人
城市微空间复兴计划发起人
Archiepos 工作室主持人

庄勤华
苏州市吴中区园博工作局副局长

10

苏州非物质文化遗产博物馆
Suzhou Intangible Cultural Heritage Museum

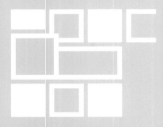

" 对于这个建筑，从方案的角度来讲，第一个问题是建筑应该用什么样的姿态去面对场地。项目现场踏勘时给我的印象非常深刻，这是相当典型的江南的田野。它紧邻太湖，有一个相对自然的场所意象。而建筑未来的功能是作为园博会展馆来使用，显然建筑跟自然也会有一些直接的关系。因此，怎样让一个1万多平方米的建筑在体量上减小对这块场地的压力，是我们思考的起点。我们采取了一系列的动作来应对这个问题。 "

—— 董功

‧‧‧‧‧‧

项目信息

地点：江苏省苏州市吴中区临湖镇

业主：苏州太湖园博实业发展有限公司

设计方：直向建筑

主持建筑师：董功

项目建筑师：刘晨

驻场建筑师：周飏

项目成员：王艺祺、孙栋平、赵丹、李柏、
　　　　　　侯瑞瑄、叶品晨、王依伦、张恺

合作设计院：苏州设计研究院股份有限公司

合作项目建筑师：蔡爽

合作建筑师：王颖、张晓峰、王威

结构设计：叶永毅、卞克俭、谭骞

机电设计：张广仁、陈凯旋、王海港、季健、
　　　　　　祝合虎、李阳

结构：混凝土结构

材料：清水混凝土、白色肌理涂料、竹钢、
　　　　玻璃幕墙

建筑面积：14 000 ㎡

设计时间：2014.10-2015.02

建造时间：2015.02-2016.04

摄影师：陈颢、Eiichi Kano

‧‧‧‧‧‧‧‧‧‧‧‧‧‧‧‧‧‧‧‧‧‧‧‧‧‧‧‧‧‧‧‧‧‧‧‧‧‧

••••••

董功

直向建筑创始人/主持建筑师，毕业于清华大学，获得清华大学建筑学学士学位和硕士学位，后留学美国，获得美国伊利诺伊大学建筑学硕士学位，其间作为交换学生在德国慕尼黑理工大学建筑学院交流学习。留美期间先后工作于Richard Meier & Partners和Steven Holl Architects。回国后于2008年创立直向建筑事务所，事务所及其作品曾多次被重要媒体报道和发表，并获得诸多国内外奖项。

有章可循，亦诗意栖居

　　苏州非物质文化遗产博物馆坐落于苏州吴中区"苏州园博会"会址东侧。在园博会选址规划以前，这片水绕三方风景秀丽的土地属于一个离太湖不远的古老村庄。这个在场地附近的小乡村呈现出一派江南田园风光，粉墙黛瓦的小房子在大片开阔田野及紧邻的太湖美景的衬托下，既具有勃勃生机，又拥有一个相对自然的场所意象。园博园是一个以自然为主题的大型展场，因此新的建筑该如何恰当地介入这方场地来强化建筑与自然的融合，成为我们思考的起点，也给我们带来了最初的设计启发。

　　我们的策略从切分建筑的体量开始：一组功能各不相同的建筑群（cluster）被设计作为一个大型综合功能体量的替代，减少了它本该对周边自然环境产生的压力。然后这些分散的建筑体量

前页 / 南立面
本页 / 顶视
右页上图 / 草图
右页下图 / 模型

会被植入不同的院落之中，形成每个院落各自的
主题性构筑物，比如球形影院、非物质文化遗产
博物馆门厅、观景塔及餐厅。这一系列并置的院
落组成了地面上基本的空间结构，而其中的一部
分院落会深入至地下，形成的下沉庭院不仅能给
地下的入口门厅、办公空间及停车场带来自然采
光和通风，同时也会让地面上主要的空间体验变
得更加丰富和立体。而原始的单一建筑在被拆分
成为建筑聚落之后，大部分的体量会被掩埋在一
层覆土屋顶之下，随着半岛土地本身起伏的走向
而隆起，进一步消隐这座新建筑对周边开阔田野
环境的压迫感，使这个绿色岛屿保持一种相对原
始的自然形态。

此外，所有的院落和建筑主体会被风雨连廊
不间断地联结在一起。在江南多烟雨的气候条件
下，人们可以通过连廊在不同的院落和建筑群之间
随意走动而不必担心多变天气的影响；在烈日炎
炎的夏日里，它遮阴避阳的功能也可以给游人带
来清凉，为人们在户外的停留驻足创造了更多的可
能。这种体量拆分、置入院落、相互联结的空间格
局设置，受到了本地建造习惯的影响，长久
以来证明了它和当地的生活方式及生活
习惯的契合度。这种本地的空间意象给我们带来的
启发除了有空间动线上的设置，还有对建筑主体空
间的处理。比如，在餐厅的设计上，除了营造基
本的室内使用空间及户外平台空间，我们还取消了

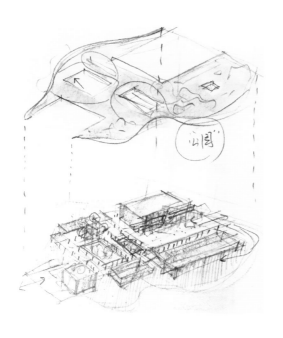

几个单元空间的玻璃幕墙，尝试创造介于室内及室外之间的模糊空间。人们可以在这种更亲近自然的空间内用餐、休憩、远眺美景。在观景塔的设计中，沿着登高的流线，我们打开部分清水混凝土围护结构，创造了空间在不同高度上与周围景观更贴近的紧密关系。同时，观景塔这种介于室内及室外的活动空间，也能赋予人们更多样化的使用体验。

从整体的空间构架来说，这个建筑受到了很多苏州本地空间原型的影响。我们在整个园区内部流线的设置中，以南北方向的纵深作为人流的集散方向，它从马路处的入口直通半岛尽头的码头。因此在这个方向的设计上，空间格局的走向也带来了视线上一种既包含一定层次体验，又相对直白的通透性。在东西方向幅宽的设置上，虽然它几乎是一个建筑层叠的遮掩状态，但在一些重要的庭院空间里，我们仍然设置了一些偶然的瞬间，让人有机会看穿建筑的体量，窥视到场地周围的自然环境。比如在门厅处，人们能透过玻璃幕墙看到对岸的美景；在前往餐厅顶部的途中，有一处朝西打开的走廊提供了一个远眺的契机。

当深入至每个具体的建筑体量时，不同院落的主体性空间都表现出各自独特的功能和特征。比如球形影院表层的竹木格栅十分轻盈，可以在一定程度上软化并削减它巨大的体量感。当藤蔓随着时间逐渐覆盖，它最终会形成一个半透明的绿植表层，让这个房子更和谐地融入周围的环境，并和覆土屋顶及庭院形成一个围合的状态，呼应了园博园场地以自然为主题的核心。观景塔则是在整个园区水平向偏向的基础上，做出的一个垂直向上的强调。它作为一种建筑体验上的补充，在功能上创造了一个可以俯瞰园博园全景及眺望远处开阔祥和的田园风光的机会。面对银杏树林的餐厅则被赋予了一个亲水的特性，它坐落在最亲近河流的半岛南端尽头，让人无论在餐厅的室内空间还是室外平台用餐时，都可以在东、南、西三个方向上看到临河的自然美景。同时，在进入餐厅楼梯的入口时，人们还会历经一段亲水平台的行走体验。

相较于地面层功能体块组织出的更建筑性的空间体验而言，覆土屋顶作为一个开放的城市公园，给游人提供了休憩放松的片刻时光。这个由整个覆土屋顶形成的大尺度的公共空间，除了是一个植被层次丰富而和谐的空中花园，也同时具有户外用餐区、儿童活动区及小型室外展览平台等功能。人们在享受户外美景的同时,也可以在此举办各种活动,包括宴会、表演、教育或其他互动节目，享受非遗博物馆在文化知识展示之外的各种娱乐和教育的可能性。

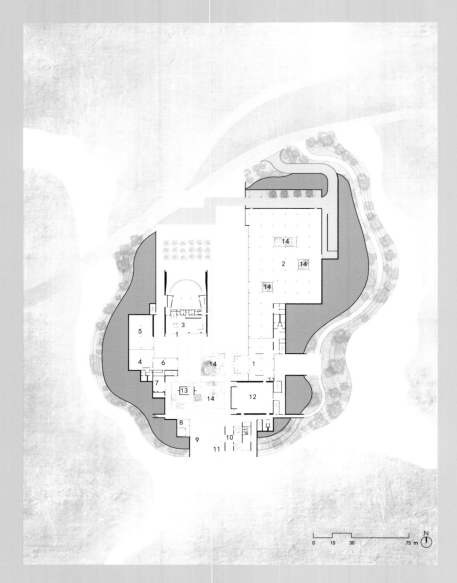

一层平面图

1 非物质文化遗产博物馆门厅	6 饮料吧	11 亲水平台
2 非物质文化遗产博物馆展厅	7 纪念品商店	12 多功能厅
3 球形影院门厅	8 码头咖啡	13 观景塔
4 苏州园林展区门厅	9 码头	14 庭院
5 苏州园林展区	10 餐厅	

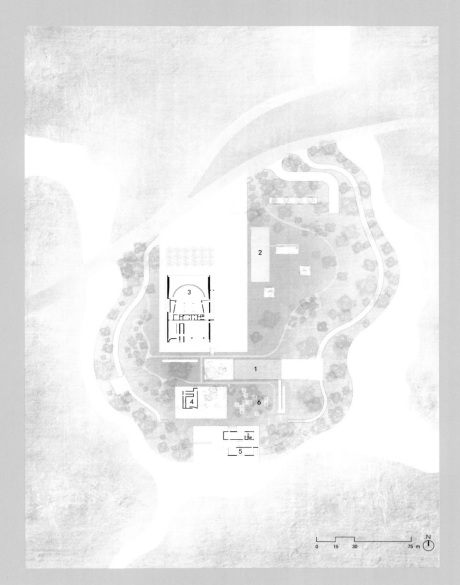

二层平面图

1 非物质文化遗产博物馆展厅   4 观景塔
2 室外展览平台   5 餐厅
3 球形影院   6 室外用餐区

0　15　30　　　　75 m　N

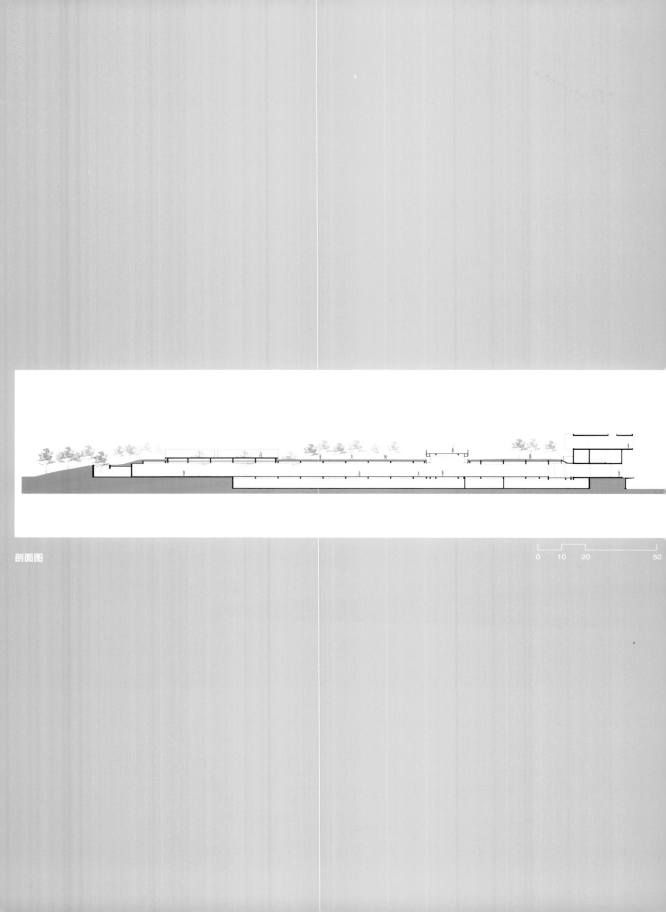

剖面图

0   10   20   50

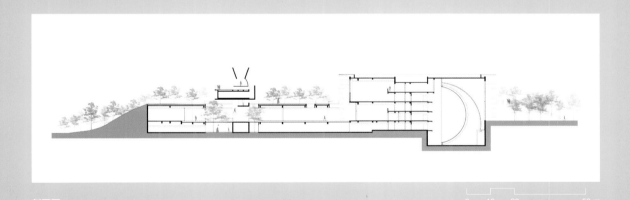

剖面图

0 10 20   50 m

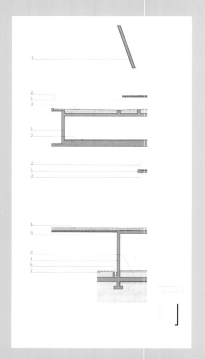

观景塔墙剖面图

1. 清水混凝土
2. 扁钢栏杆，灰色氟碳喷涂
3. 深灰色地砖
4. 青砖地面
5. 白色肌理涂料
6. 金属篦子，白色卵石压顶
7. 覆土绿植

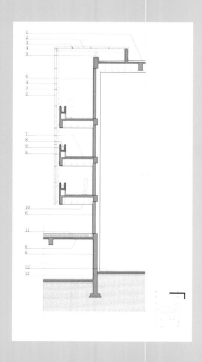

球幕影院墙剖面图

1. 混凝土屋面
2. 竹木格栅
3. 次龙骨
4. H型钢龙骨
5. H型钢竖向龙骨
6. 白色肌理涂料
7. 深灰色地砖
8. 种植箱
9. 连接件
10. 白色金属穿孔板吊顶
11. 青砖地面
12. 细石混凝土楼面

球幕影院南立面

左页／观景塔南立面
本页／观景塔内景

本页 / 观景塔顶层
右页 / 餐厅楼梯

左页 / 观景塔顶层
本页 / 观景塔平台

餐厅西立面

左页 / 观景塔南立面
本页 / 观景塔楼梯

球幕影院内景

从连廊看向非物质文化遗产博物馆门厅

苏州园博会主题馆
Main Exhibition Pavilion of Suzhou Taihu Garden Expo

> 主题馆是非常具有挑战的一个项目。首先，由于场地紧邻太湖，建筑体量较大，因此最大的挑战在于怎样使建筑同环境不显得过于冲突；其次，从文化层面说，因为是园博会的展馆，所以怎样使建筑延续苏州园林的精神，使建筑具有中国性，具有苏州的神韵，同时还要让它本质上是个当代的建筑，也是需要考虑的问题；第三，任何一个园博建筑都有建筑的时效性。在仅持续一个月的园博会期间与后园博时期的不同功能的组织与转换，是建筑师花精力主要考虑的事情。

——张轲

••••••

项目信息

地点: 江苏省苏州市吴中区临湖镇

业主: 苏州太湖园博实业发展有限公司

设计方: 标准营造

主持建筑师: 张轲

项目建筑师: 鲍威、Daniele Baratelli、
　　　　　　　Margret Domko

驻场建筑师: 王翔翔

项目成员: 王翔翔、王醴迎、黄探宇、
　　　　　　Martina Muratori、葛炜

合作设计院: 同济大学建筑设计研究院

合作项目建筑师: 陈大明

合作建筑师: 孙道阑、张瑞英、顾英、赵邦

结构设计: 同济大学建筑设计研究院

机电设计: 同济大学建筑设计研究院

结构: 同济大学建筑设计研究院

材料: 同济大学建筑设计研究院

建筑面积: 27 000 m²

设计时间: 2014-2015

建造时间: 2015-2016

摄影师: 陈溯

••••••••••••••••••••••••••••••••••

张轲

标准营造主持设计师。标准营造于2001年
成立，其实践超越了传统的设计职业划分，
涵盖了城市规划、建筑设计、景观设计、室
内设计及产品设计等各种专业。标准营造
在一系列重要文化项目的基础上，发展了
在历史文化地段中进行景观与建筑创作的
特长和兴趣。

宅园合一与当代性

造园，自古以来都不是一件简单的事，尤其是在苏州——园博会主展馆是一个非常具有挑战性的项目。

设计立意

首先，从文化层面上来看，在苏州做任何建筑，都脱离不开苏州的文人园林。《林泉高致》中所述"可行、可望、可游、可居"之画意，可视为文人对山水自然的情怀提炼，这种寄情山水的期望也是苏州古典园林"宅园合一"形式的思想动因。由此引发的特殊功能和空间布局是在整个设计中需要思考的重点。其中，留园和拙政园给了设计很多启发，尤其是园中室外空间和半室外空间的转绕、曲折和连续性。游园的体验在这种精妙的编排和铺陈中，兼具了序列感和多样性。这种空间的独特秩序感及其牵连的苏州园林文脉，是整个项目的基

调。同时，又因为园博会是现代活动的展馆，建筑必须能够以具有当代性的身份和面貌呈现这种基调，延续苏州园林的精神。

其次，建筑基地面对太湖，不可避免地为项目带来了对于空间和文化的进一步思考——太湖景观与主题馆建筑的关系成了空间上的议题，景观背后的文脉与建筑展现的当代性的对话形成了文化上的层次。观者在建筑中是需要一眼就看到太湖，还是通过建筑形成的多层级空间来体会景观？场地需要具体处理的问题就是如何最优地营造与太湖景观的关系，以及如何与背面的湿地公园做一个过渡，为建筑毗邻的苏州园构建一个很好的背景。

第三，作为展会类型的建筑，其时效性是不容忽视的，这也就决定了设计本身不是一个静止的点，而是延续时间线上的一环。建筑在为期一

个月的园博会中的角色与后园博时期的不同功能的组织与转换，是项目中必须要考虑的事情。

基本格局

园博会主题馆地段主要景观面为西边与南边紧邻的太湖，以及北侧面向的园博会主园区，东边为城市道路，为主要交通往来方向。项目试图将建筑以一种松散的结构，对不同功能单元进行类似于厅堂院亭榭廊的组织，在一个大尺度上形成"宅园合一"的组织模式——在这种组织模式中，居住功能由充满趣味和景观特色各异的游径相串联；移步换景之时，游者穿插于公共、半私密、私密的节点，体验开放、半开放、封闭之空间；最终整体形成"园在宅中，宅居园内"的布局。

主题馆建筑沿太湖边缘以低矮、平缓的线性体量水平向展开，从南到北占据整个基地，这也使得面向太湖的景观视角变得更加多样化并富有

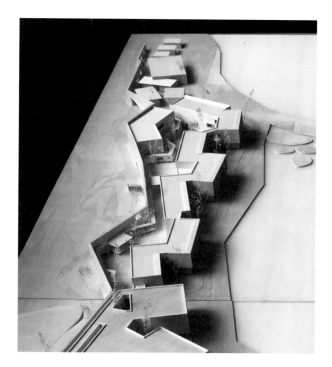

前页／边界折墙
左页／鸟瞰图
本页左图／草图
本页右图／模型

层次。项目整体"大胆落笔，细心收拾"，在一个由墙和廊转折组成的主轴之上穿插不同的功能空间。北面作为苏州园的一个谦逊、简洁的搭衬之时，转折的主轴在沿湖一面则成为不同功能发生的背景。

　　空间的边界被阐释为这一现代园林的主要营造元素。留园中就有很明显的作为背景的墙与廊的若即若离关系。园博会主题馆东面在面向繁忙的城市道路一侧以连续的实墙围合，既阻隔了来自车道的噪声，又明确限定了建筑边界。白色抹灰墙体重新演绎了粉墙黛瓦的传统苏州园林，而其曲折的几何形式则来自于苏州园林曲径通幽之意象。这段长达600米的折墙上有选择性地开了5个大的景观视口，在各个大的景观开口间又布置

了一些次要的景观窗口。建筑边界的纯粹实体化被掺入了界面的透明性和渗透感——"竹梢风动，月影移墙"之时，又具"四壁荷花三面柳"之趣。同时从区域聚落形态上，这段折墙借助自身与建筑主体的起承转合关系，将建筑组织成了尺度不一的十多个院落——"园之大者，积多数庭院而成，其一庭一院，又各为一「园」字也。"（《江南园林志》）——其自身成为了提供完整性的一个景观元素。

居住与庭院
　　建筑功能上，中间区域集中了园博会展厅及其他公共功能空间。主体量被抬高一层置于从湖边向内逐渐升起的景观坡地上面，一层的停车场及技术用房则被隐藏于其下。车辆通过坡道进入

建筑接待中心，使用者可以进入几个突出的体量中。这些体量作为不同功能的展厅面向太湖，人们置身其中可以在观展的同时欣赏美丽的沿湖风光。游客可以乘坐电瓶车到达坐落于两翼中部的分区接待大堂，或者通过贯穿整栋建筑的内部流线进入客房。通过这一流线人们可以领略由建筑与外墙创造的一系列半围合的庭院风景。此外，充满变化的室外廊道会让人不时想起苏州留园与拙政园中曲折的游廊。建筑配套服务功能以及客房部分的空间尺度和景观营造经过有意安排，使其整体在后园博时期可以按规划顺利转型为高品质酒店。整个园博会主题馆建筑用简练的设计策略巧妙地解决了场地面临的挑战，达到了功能要求的利益最大化。

如果将场地化分为两个向度的关系：一是沿湖的南北走向界面，二是垂直湖面的东西方向的纵深。贯穿南北整合整个场地的折线，既是背对城市的界面，又是组织交通的流线。场地东西空间纵深被扁平化：走廊一侧连接各功能空间，另一侧为背对城市的墙体。当这一墙体脱离交通空间，作为独立的元素存在时，墙体和建筑体之间便形成了真正的庭院空间。由此，场地第二个向度的空间被彻底充满，形成了墙体、庭院、建筑的三个层次。墙体与建筑各司其职：墙体形成了隔离城市的物理图层，建筑为最有效的观湖机器。而它们之间，就成为真正的"可行、可望、可游、可居"的新园林空间。庭院一侧为客房的交通空间，适当开放的景窗让入住的客人移步换景观赏围合的庭院，而另一侧结合墙体布置游廊等景观小品，形成真正的"宅园合一"。建筑界面营造出了由城市向湖面过渡的景观体系：城

左页／模型
本页／模型（局部）

市与景观墙之间的景观公园系统，景观墙与建筑体之间的围合庭院系统，建筑体错动产生的面湖庭院系统，以及西边结合水体布置的滨湖景观步道系统。通过建筑体的作用，景观系统之间互为独立但又渗透联系。场地的第二个向度不再扁平化，对苏州园林的应答在第二向度中得到了充分的体现。

当代性

标准营造设计的"苏州园博会主题馆"很好地把握了传统元素与现代建筑语汇之间的平衡。设计形态上巧妙地运用了具有苏州本地特色的白墙灰瓦，并使其与建筑中悬挑的雨棚、玻璃幕墙等现代元素和谐地融合在一起——传统苏州园林并不被当作独一的、具体的临摹对象，而是其中的路径、节点关系与组织规律被作为营造园博会主题馆建筑群的基本原则。从建筑类型学的角度，对这种聚落形态的重塑发展，实现了一种在材料和建造技术上更具灵活性的建筑思维——这种思维延续了计成之《园冶》只讲造园之法，不列园林之式的态度。

怎么在和传统结合的前提下做好当代的建筑——这是建筑师们一直面临的一个当代性的问题。具体到这个项目本身，其想要探讨的是，如何在不使用任何符号装饰的前提下，做到有苏州的神韵，以及怎么用空间的营造而不是符号的堆砌，来让大多数使用者能够强烈地体验到建筑本身的地域身份及其背后的文化脉络，感受到真正的苏州韵味。传统苏州园林的建筑特征在此被转译为新的当代性空间，并始终秉承着传统"宅园合一"的理念——当代苏州园林在此被成功实现。

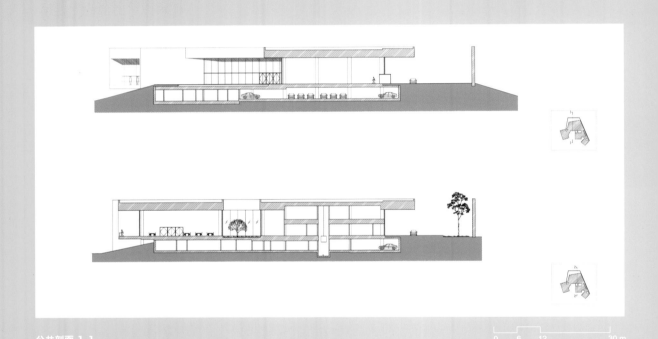

公共剖面 1-1
公共剖面 2-2

0   6   12   30 m

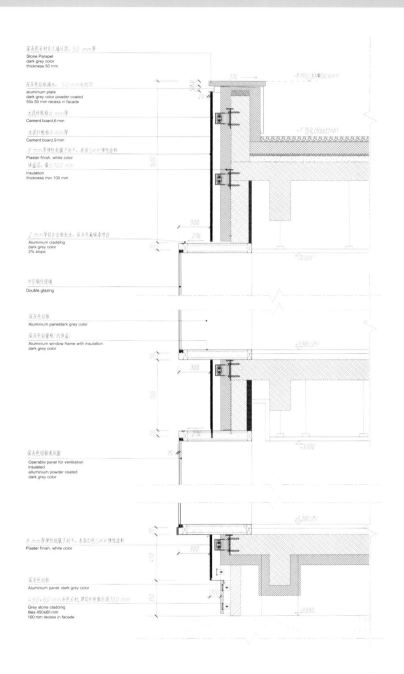

深灰色石材女儿墙压顶，50 mm厚
Stone Parapet
dark grey color
thickness 50 mm

深灰色铝板滴水，50 mm收内沟
aluminium plate
dark grey color powder coated
50x 50 mm recess in facade

水泥纤维板6 mm厚
Cement board,6 mm

水泥纤维板9 mm厚
Cement board,9 mm

8 mm厚弹性批腻子刮平，表面SKK弹性涂料
Plaster finish, white color
保温层，最小100 mm
Insulation
thickness min 100 mm

2 mm厚铝合金板批水，深灰色氟碳漆喷涂
Aluminium cladding
dark grey color
2% slope

中空钢化玻璃
Double glazing

深灰色铝板
Aluminium paneldark grey color

深灰色铝窗框(内保温)
Aluminium window frame with insulation
dark grey color

深灰色铝板通风窗
Operable panel for ventilation
insulated
alluminium powder coated
dark grey color

8 mm厚弹性批腻子刮平，表面白色SKK弹性涂料
Plaster finish, white color

深灰色铝板
Aluminium panel, dark grey color

450×60 mm灰色石材，建筑水泥板后退100 mm
Grey stone cladding
tiles 450x60 mm
100 mm recess in facade

+8.300 (女儿墙Parapet)
+7.750 (Rooftop)
+6.600
+3.900 (2F)
+3.000
+0.300 (1F)
-0.600

庭院立面细部

本页 / 水景
右页 / 廊道

廊道

本页、右页 / 建筑主体

建筑主体看向太湖

64

苏州园博会综合服务中心
Integrated Service Center
of Suzhou Taihu Garden Expo

> 这个项目，它的语境是在苏州、园博园。苏州园林本身就是场地与生活方式结合得非常好的范例，经过这么多年的积累，它几乎是中国文化在人居环境中集大成的体现。所以，这个项目开始的时候就自然地向园林学习了。

—— 赵扬

• • • • • •

项目信息

地点：江苏省苏州市吴中区临湖镇

业主：苏州太湖园博实业发展有限公司

设计方：赵扬建筑工作室

主持建筑师：赵扬

设计团队：赵扬、李烨、尤玮

结构形式：混凝土框架结构＋钢结构

建筑面积：17 340 ㎡

设计时间：2014.08-2015.01

建造时间：2015.02-2016.03

摄影师：陈溯

• •

• • • • • •

赵扬

清华大学建筑学硕士，哈佛大学建筑学硕士。2007年，创立赵扬建筑工作室；2010年，获WA中国建筑奖优胜奖；2012年，获选"劳力士艺术导师计划"，在日本建筑师妹岛和世的指导下，完成了日本气仙沼市"共有之家"；2011年，赵扬应邀参加"向东方——中国建筑景观展"，并于2013年10月在威尼斯契尼基金会举办个展。赵扬曾受邀在同济大学、香港中文大学、华南理工大学、马来西亚建筑师学会、杰弗里·巴瓦基金会举办学术讲座。2014年，受邀参加威尼斯建筑双年展"Adaptation"中国当代建筑特展。

• •

居、游、境界

　　我们所理解的建筑的"创新"，是指一个房子，有区别于其他的房子的独特性。而这种独特性，应该是自然而然的。因此建筑设计的工作就是将一个项目、一个房子的独特性，在设计过程中呈现出来。至于呈现的方法，我们理解是有两个基本的方向：一个在于场地策略，一个在于生活方式。

　　场地策略就是我们对于一个场地独特性的认识，它包括很多因素，如地形地貌、边界条件、周边环境条件、气候限制，还有人文的方面，即建筑所属地域的文化对其的影响。

　　生活方式简单说来就是如何使用这个地方，即想象未来在这块地上生活是如何展开的，这会涉及房子的功能的设定。我个人认为生活方式是被动适应场地的，人是一种被动的状态，使自己的生活方式跟场地很好地结合起来。

　　具体到这个项目，它的语境是在苏州、园博

园。苏州园林本身就是场地与生活方式结合得非常好的范例，经过这么多年的积累，它几乎是中国文化在人居环境中集大成的体现。所以这个项目开始的时候，就自然地向园林学习了。

也许，将园林中某个重要的点拿出来讨论、放大，就可能成为我们设计的出发点。在苏州园林里面，不存在孤立的元素。建筑、小品、山水、花木、陈设家具、匾额楹联等，每一个单独的元素本身都不是造园的目的。"与谁同坐轩""荷风四面亭"描述的不仅仅是"轩"和"亭"，而是一个可以被营造、感受或者想象的境界。境界即是说，面对一块未经人工处理的场地造园的过程；是通过一系列空间的手段创造出多种不同境界，把人通过建筑或是空间的手段，同场地以不同的方式连接起来的方法。碰巧在做项目之前，我们研究了明代画家张宏所绘的

《止园图册》，画家用20张册页按照空间游览的顺序描绘了止园的鸟瞰全貌和19个场景，从中我们能够感受到丰富的境界变化。这便是园林要做的事情，就是我们面对一个场地，如何通过设计的安排来经营出境界的层次，并在这种多样的层次和氛围之间，让丰富的生活产生。

园博会综合服务中心的用地是具有挑战的，它处于园博园的核心区，在核心区湖面的北边，园区里每条路都会看到这个房子。用地的形状也极不规则，建筑必须和场地的这种极不规则的状态打交道，同时也必须和更大尺度的自然打交道。

这个建筑前期的功能是综合服务中心，而在园博会结束后，将作为一个酒店被使用。因此，房子的设计出发点是当作酒店来考虑的。酒店分为两部分，客房部分抬起来，具有一种景观优势，所有房间都能看到近处的湖面，也可越过树

林看到远处的东山和太湖；所有公共部分放在一层。不同的功能空间，就像园林中不同的亭台楼榭一样，与场地的边界发生互动。这样就形成一个机会，通过房子的不同位置，与房子之间的相互关系，来形成一种不同的空间、不同的朝向，并以此为契机来营造不同的空间境界，并对应未来酒店不同的功能空间。

上下两层以不同的尺度策略回应两种不同的场地问题。一层部分主要是人的尺度和空间的关系，空间尺度相对较小，同时也是在呼应不同的场地边界条件。二、三层的客房部分，由于会被周边环路上的行人看到，因此，它必须以一个相对完整的形象来应对从远处观看所需要的尺度感。因此，与一层的体块相对，二、三层呈连贯的折尺形。此外，对于房子的形象，由于它处于园区的核心区，从很多角度看，它都是不能被忽略的，折尺形的形象，可以保证绕建筑一圈的不

同角度观看，房子的形态是变化的，不会让人感受到一个确定的建筑形象。

建筑的立面材料也区分出上、下两个部分不同的功用和性格。首层的立面是围合室外空间界面的白墙；二层和三层用重竹格栅包裹，为客房提供私密性和遮阳。格栅在阳台处可以滑动开合，形成朴素自然的立面表情。

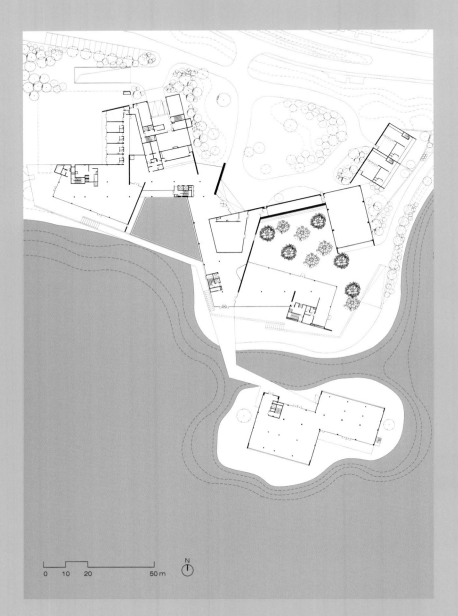

0 10 20   50 m

N

一层平面图

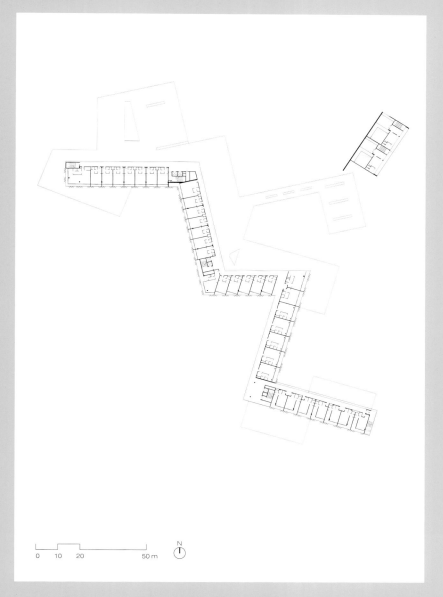

0 10 20   50 m

N

二层平面图

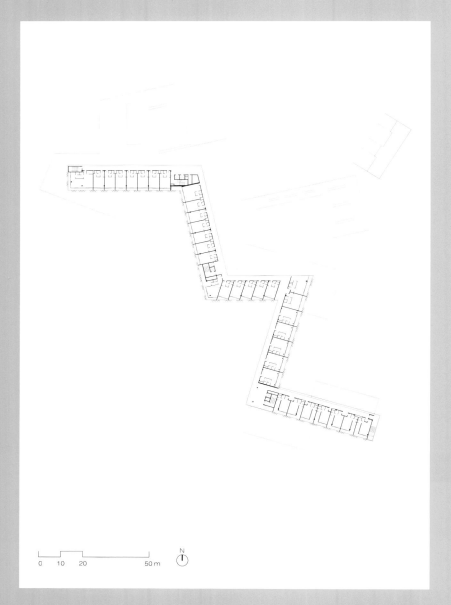

0 10 20   50 m

N

三层平面图

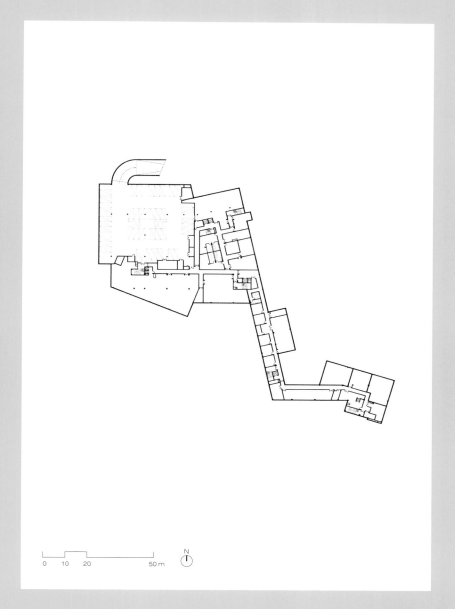

0 10 20   50 m   N

B1层平面图

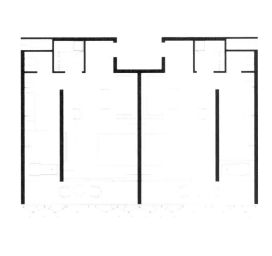

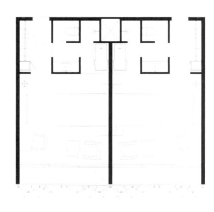

客房布局

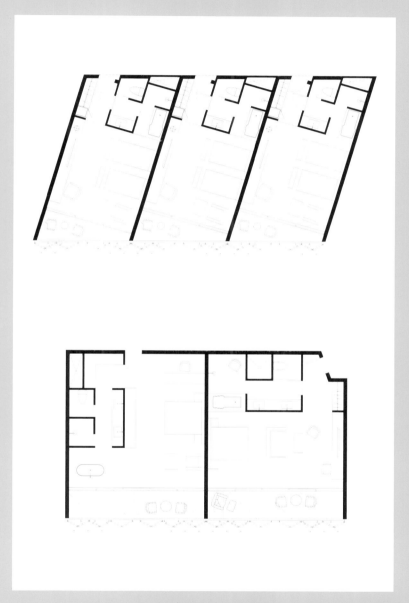

客房布局

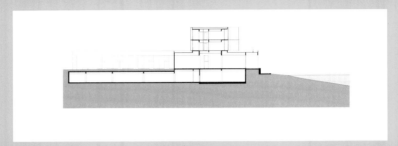

剖面图1-1

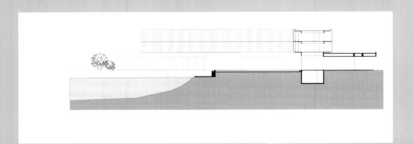

剖面图2-2

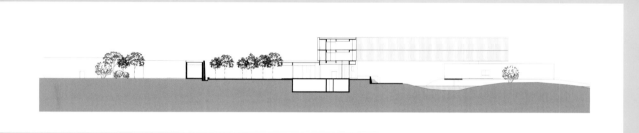

剖面图3-3

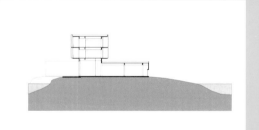

剖面图4-4

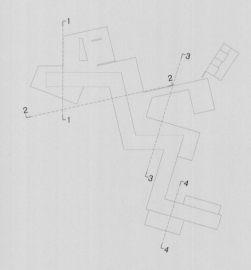

主入口

廊桥

门厅及展廊所围合之水院

90

苏州园博会运营管理中心
Tourist Center of Suzhou Taihu Garden Expo

"
　　运营管理中心的位置，在主入口旁边，因此需要很谨慎地考虑建筑究竟需要以一种什么样的姿态去回应当代的苏州、当代的城市。

　　META-工作室把自己定位为一个当代的、关于城市的设计机构，我们认为当代的城市是作为一种重叠的社会、文化、经济和日常生活的关系而存在的。我们希望建筑重新建立一种它和周围社会环境的关系。
"

—— 王硕

苏州园博会游客中心
Tourist Center of Suzhou Taihu Garden Expo

城乡群落作为当代庭园建筑的新原型

　　苏州园博会运营管理中心坐落于苏州太湖园博园主入口的侧旁，它本身就代表了对苏州园林的一种阐释和理解。它的对面是一个叫"石舍村"的自然村落。因此，运营管理中心正处于"园林"与"民居村落"相交接的锋面，需要很谨慎地考虑建筑究竟需要一种什么样的姿态去回应当代的苏州、当代的城市。

　　一直以来，我们都对城市的自我生长方式特别感兴趣，认为这种新生的城市现象和背后的运作机制充满了复杂性、多样化、有机性和矛盾性，是现代主义城市理论没有讨论过的东西。尤其是它的灵活系统、混杂状态，如果能在对其深入研究和跨学科讨论的基础上，发展出一种新的视角和方法，理解和介入"城市"这一复杂有机

前页／日景航拍
本页／夜景航拍
右页／苏州城乡聚落的日常

体，对中国甚至世界上正在逐渐失去活力的很多城市有很大的指导意义。

　　首先，我们观察现实，试图在现实的基础上找到一种当代城市生活的新价值，以此激发我们去寻找一种方法，可以通过设计来体现这种新价值。

　　2010年，全球城市人口达到人口总数的50%，这意味着城市作为一种因人类社会行为、社交行为和经济行为的聚集而产生的结果和产物，事实上已经覆盖了人类之前的一些组织形式。我们观察到，城市作为一种生长的聚落（而不是单纯地

来谈论城市—乡村的二元论）有以下三种模式：第一种，城市通过向外扩张来吸收和消化经济的增长；第二种，城市通过内爆的方式来承受经济的增长；第三种，由于城市不断地向外扩张，城市中心反而出现了空心化，需要重新注入活力。无论是哪种模式，我们都必须思考，在城市不断生长更新的过程中，建筑将以怎样的姿态出现。

　　我们在做城市研究的时候做过一个比较有意思的课题——"超大城市和细小颗粒"。从GOOGLE EARTH 中河南的一个自然村的截图上，我们能看到这些自然形成的村落之间的距离都是由

步行20~30分钟定义的，是完全自然有机生长出来的。村子离城镇越近，它的边界就越接近自然有机的融合，边界的模糊性也更强。

处于江南地区的苏州，正处在一种不可多得的有机融合的发展状态。苏州古城自建城以来，坐落的位置、城市的规模和规划格局一直没有大的变动，经过千百年的持续营建和更替发展，具有深厚的历史积淀和文化底蕴，也有丰富的空间意向和传统工艺。苏州新城作为城市现代化进程的产物，其发展并没有与旧城完全割裂，新城与旧城的生长有机地融合，城市和城外的小村落整合到了一个大的网络之中，在这样的城市模型下，设计怎样去做，是我们首先需要思考和回应的一个问题。

对于园林，一种可能的解读始于仇英的《园居图》《王氏拙政园记》。从中我们可以看到，园林讲的其实是在自然之中，一些有屋顶覆盖下的地方，人与人之间所发生的一些事件。我们现在认为是结果的东西其实是当时士人阶层自然的日常生活和文化活动的一种展开。而当我们到周边的城乡民居村落中亲身探访的时候，发现里面所呈现的其实也是一些相当日常和生活化的场景。

在这些古村落中，以街巷、广场、村口、祠堂、院落等为代表的传统空间具有重要的历史文化价值及使用价值。古村落的自然肌理由传统空间与民居建筑群以图底关系融合而成。民居建筑群作为自然肌理的基础，塑造了悠久的历史风貌，而园林空间则起到了画龙点睛的作用。二者相结合，成为一种当代的群落组织形式。因此，我们提出了"城乡群落作为当代庭园建筑的新原型"这样的命题。

我们习惯把苏州形容成一个典型的水乡城市，但仔细放大去看，里面有很多人的生活场景展开，比如我们习以为常的街景，还有一些市井情景，这才是苏州城市里有机生长出来的情景，

居村落的周围有很多自然生长出来的村落，比如柳舍村、石舍村、东山镇，这些周围的小村落，不论建筑是不是从古到今流传下来的，村落生活本身是非常有机的。

为了达到这样的状态，我们对中心建筑的功能进行了合理化的划分和梳理，主要分成了三层功能。我们把这些功能铺陈在建筑体量上，一层向公众敞开，分为东园和西园；二、三层则由廊道组织各个功能块。同时，群落的组织模式也便于展后对建筑体量基于日常使用功能的切分，它将被分成11个功能互不干扰的小建筑。白居易《池上篇》有言"十亩之宅，五亩之园"，我们用50%的密度来实现这些功能。在保证展期功能实现的同时也充分考虑了

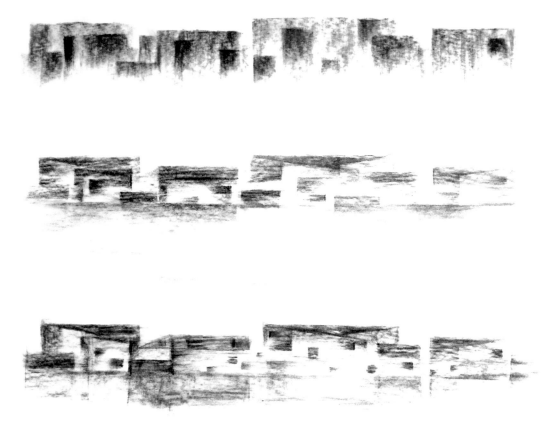

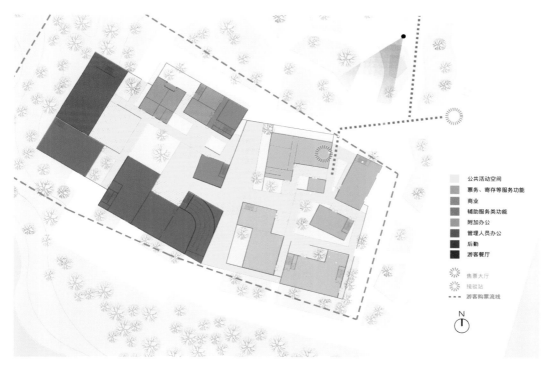

图例:
- 公共活动空间
- 票务、寄存等服务功能
- 商业
- 辅助服务类功能
- 附加办公
- 管理人员办公
- 后勤
- 游客餐厅

※ 售票大厅
※ 接驳站
- - - 游客购票流线

N

左页 / 建筑概念序列——浓淡体量、气韵流动、层次起伏
本页 / 展期流线分析

展期的使用流线,包括游客、餐饮、后勤、停车、卸货等。

此外,在一些细节方面我们也进行了充分的考虑。比如,办公类的建筑需要大的玻璃幕墙,但是单独的玻璃幕墙往往会显得非常突兀。我们希望这个项目能够流露出江南地区传统手工艺的痕迹,而非全部由工业化的材料完成。因此,我们在立面上采用劈开并碳化的竹格栅,处理视线的交流和通风采光。在竹格栅的制作中,我们为了尝试把竹子劈开,试验了很多种不同的竹子的加工和搭接方式,又尝试了不同的流程和工艺,最后,每一片竹子都要经过13个严苛的加工步骤,才实现了现在我们所看到的竹格栅。竹格栅的使用增加了光影效果,在建筑中引入传统的苏州园林中的行走感受。从不同景深和角度看,其立面会呈现出不同的透明度。因为是剖开的竹节朝外,阳光从侧面打到竹格栅上的时候还会呈现出独特的阴影。使这一原本灰暗的材料在不同光线与角度下呈现出耐人寻味的光影变化,更突显出手工的质感。

苏州园林,对于当代的庭园建筑,应该是大众的、日常的、关乎使用的、生活工作的和融入环境的。我们希望设计可以阐释这样一种新的形态,就像村口小河上的"小飞虹"廊桥是日常行为展开的结果,而不是"精英"刻意设计的。所以在设计的时候,我们希望运营管理中心能像一个自然生长的群落一样,同对面的石舍村、柳舍村等村落自然融合。

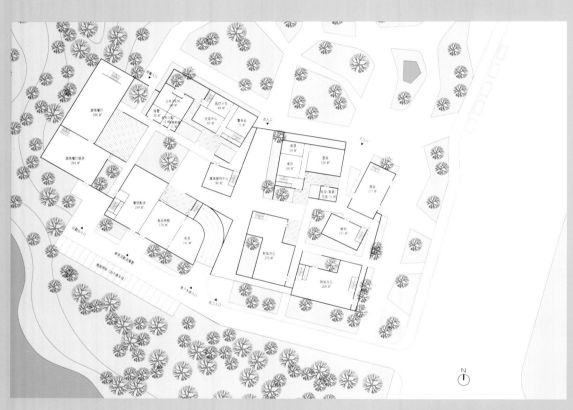

一层平面图

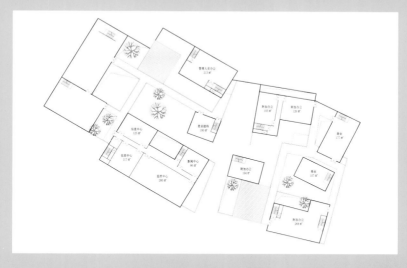

二层平面图

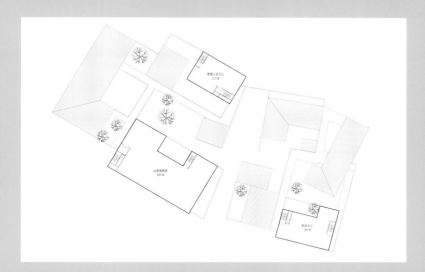

三层平面图

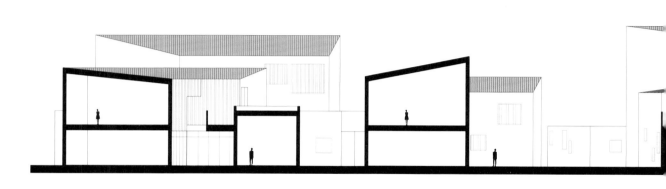

长向剖面图

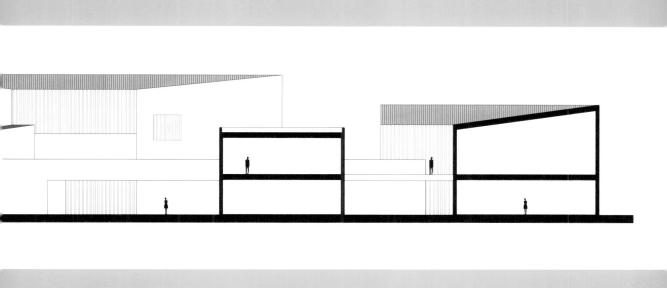

左页／西院中间入口

本页／西院朝向广场入口

本页 / 西院二层连廊
右页 / 西院中间入口回看

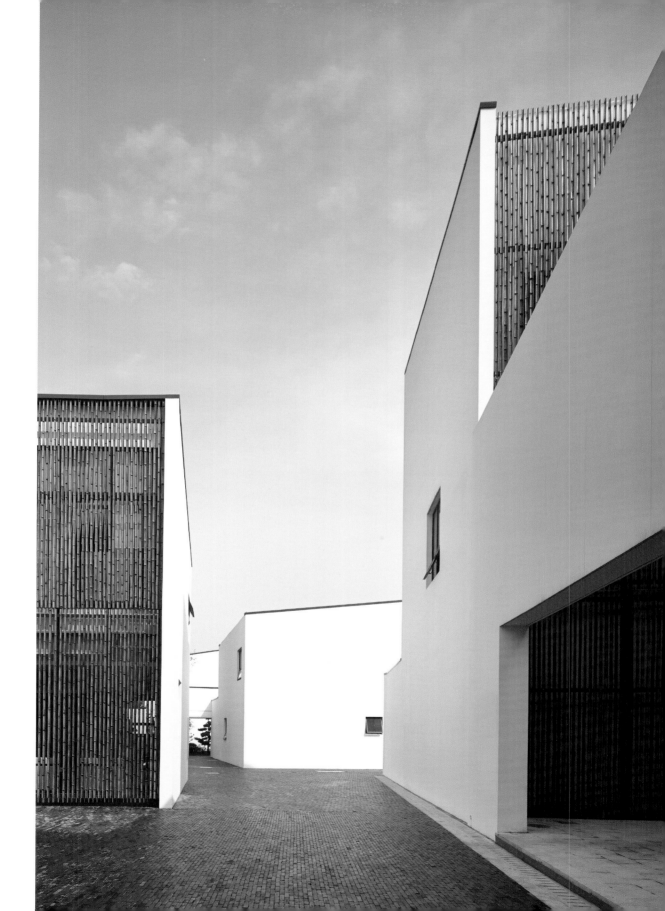

采光天井

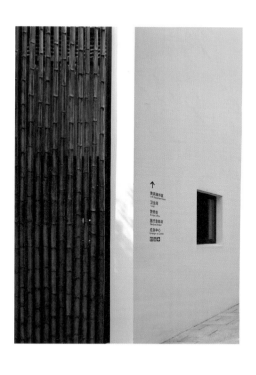

本页上图／透过窗洞看竹格栅

本页下图／东院入口一侧

左页 / 竹格栅的不同层次
本页 / 仰视竹格栅

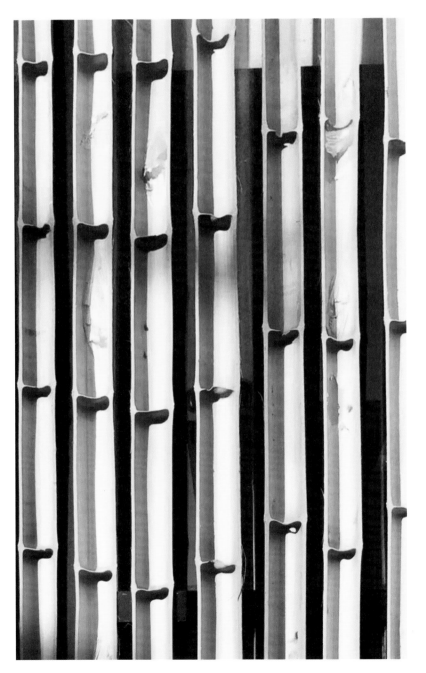

竹格栅局部光影

外墙竹格栅工艺步骤要求

挑选冬竹

高温蒸煮

碳化处理

养身处理

烤直

对开

防霉、防虫处理

防腐处理

密干 损耗 10%

耐候处理

现场挑选安装 损耗 5%

螺钉对齐固定

刷进口户外专用油

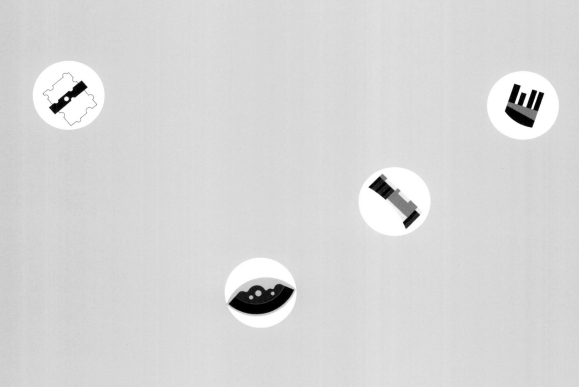

苏州园博会服务建筑系列
Service Centers of Suzhou Taihu Garden Expo

" 　　我们所做的工作是园区内四个功能不同的小建筑。它们位于园区的不同位置，体量相对较小。园博会的园区有个特点，建筑的内容会比一般的公园要多得多，这比较像苏州传统的园林建筑，但这些建筑无法像世博会建筑般争奇斗艳，建筑不是主角，因此建筑对基地的态度比形式本身更加重要，场地的特征成为我们设计的出发点。"

——李坚

项目信息

地点：江苏省苏州市吴中区临湖镇

业主：苏州太湖园博实业发展有限公司

设计方：壹方建筑

主持建筑师：王路、李坚

二号服务节点项目组成员：孟璠磊、徐杰、杜自杰、
瞿书铭

三号服务节点项目组成员：徐杰、付霜霜、李玉光

四号服务节点项目组成员：田立达、徐杰、于小龙

六号服务节点项目组成员：雷沅胜、徐杰、陈榕

施工图设计单位：苏州设计研究院股份有限公司

合作项目建筑师：王颖、章瑜

结构设计：刘勇、王桢希

机电设计：张广仁、邵嘉

给排水：王海港、季健、童膺路

暖通：李阳、潘浩、王唯

摄影师：张超、李坚

二号服务节点

建筑用地面积：3 006.70 ㎡

总建筑面积：1 647.83 ㎡

建筑基底面积：1 276.50 ㎡

三号服务节点

建筑用地面积：2 902.40 ㎡

总建筑面积：1 493.48 ㎡

建筑基底面积：1 122.80 ㎡

四号服务节点

建筑用地面积：2 617.99 ㎡

总建筑面积：1 988.01 ㎡

建筑基底面积：1 315.13 ㎡

六号服务节点

建筑用地面积：2 400.6 ㎡

总建筑面积：502.22 ㎡

建筑基底面积：376.72 ㎡

· · · · · ·

王路

留德博士，清华大学建筑学院教授、博士生导师，壹方建筑创始合伙人。2000-2012年，曾任《世界建筑》杂志主编；2002年，创建WA中国建筑奖——中国当代最有影响力的建筑奖项之一。

李坚

东南大学建筑学学士、清华大学建筑学硕士，一级注册建筑师，壹方建筑创始合伙人。曾任太平洋建筑设计工程有限公司常务副总经理、副总建筑师。

· ·

记忆与续写

我们设计的是四栋服务节点建筑,虽然规模和体量都不是很大,但它们都位于苏州园博园中并有各自独特的地段环境,有各自的功能。一方面,苏州优秀的古典园林和建筑传统是我们设计的参照;另一方面,当代新的条件和使用又要求我们有新的表达方式。因为建筑有其明显的地域和时间特征。因而我们希望在此时此地,在传统与未来之间,通过发现、调整和修复既有的关系和肌理,能嵌入一片属于我们这个时代的特定层面,去充实、延续和发展我们的传统,去拓展我们已熟识的世界。在设计中,我们通过赞美地方建筑和园林传统中体现的那种因地制宜的、人对自然的亲和与敏觉,运用现代技术所能提供的可能性,结合地方传统工艺、技术和材料,去营建具有时代精神和文化真实感的新场所,使之能自信且合群地嵌入并锚固于基地。

二号服务节点

建筑位于苏州园博会园区内的主入口区域，紧邻园内的花海景观，两面环水，基地平整。建筑的主要功能为花房，并兼具游客服务等功能。

三号服务节点

建筑位于湖边，主要功能为游客服务咨询，以及零售、简餐、咖啡茶座等。

四号服务节点

基地呈半岛状伸入湖面，三面临水，正北向为湖面中心区域。四号服务节点是按水博物馆和休息空间的功能设计的，在园博会期间作为餐饮建筑使用。

六号服务节点

六号服务节点位于园博园西端的一片树林中，建筑是个紧邻电瓶车枢纽站的休息空间和服务用房，是个作为临时建筑建造的项目，基地原先位于一片林地的边缘。

二号服务节点

　　该建筑的空间结构延续了基地北侧花圃清晰的条状肌理，花房、游客服务、管理办公等功能被明确地植入建筑的各个体块之中，体块之间的"缝隙"用以组织交通，引导人流往返于花圃和建筑屋顶的观景平台之间。基地南侧的河流提供了开阔良好的景观视野，因而建筑的临河一侧采用了弧线曲面与开阔的景观产生对话。建筑的形态，仿佛是花田的延伸，在室内，一端是花海，另一端是河流；在室外，条状体块之间的缝隙也有效地把规划中的景观桥、观景平台、花圃等整合在一条有趣的游线之中。

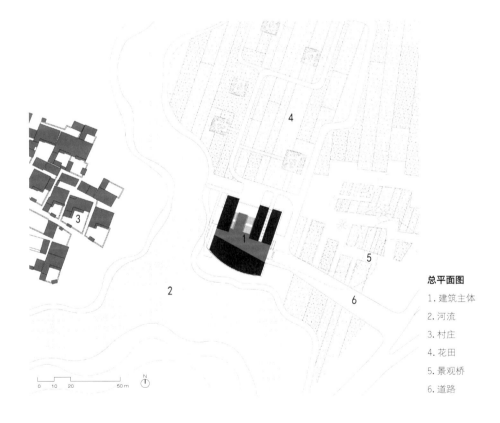

总平面图

1. 建筑主体
2. 河流
3. 村庄
4. 花田
5. 景观桥
6. 道路

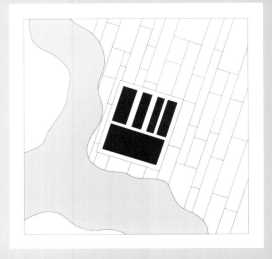

二号服务节点 分析图 1
基地北侧为花圃，具有清晰的条状肌
理，基地南侧为河流，具有开阔良好
的景观视野。

二号服务节点 分析图 2
继承和延续了花圃的纵向条状肌理，
由此形成了建筑的实体与缝隙。

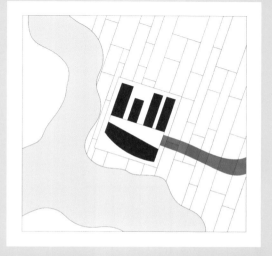

二号服务节点 分析图 3

南侧的河流提供了优越的视野，促使
建筑的临河一侧采用弧线曲面，与开
阔的景观产生对话。

二号服务节点 分析图 4

花圃中的廊桥与建筑二层平台对接，
将赏花的人群吸引到建筑物的一层屋
顶平台。

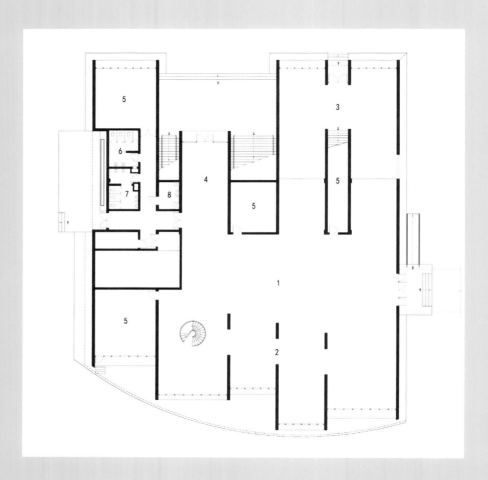

二号服务节点 一层平面图

1 游客咨询区   5 管理用房

2 游客休息区   6 男卫生间

3 花房   7 女卫生间

4 辅助用房   8 无障碍卫生间

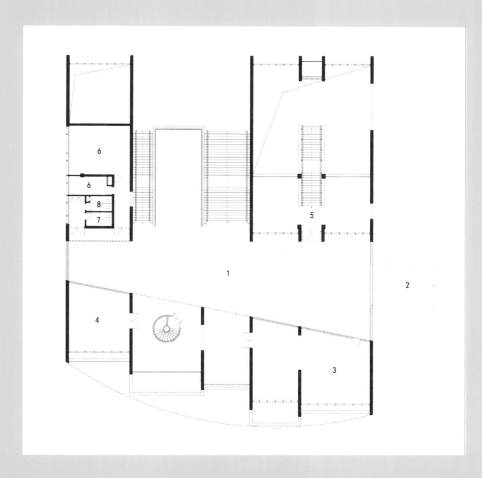

二号服务节点 二层平面图

1 室外活动平台   5 花房

2 景观桥   6 辅助用房

3 咖啡厅   7 男卫生间

4 茶室   8 女卫生间

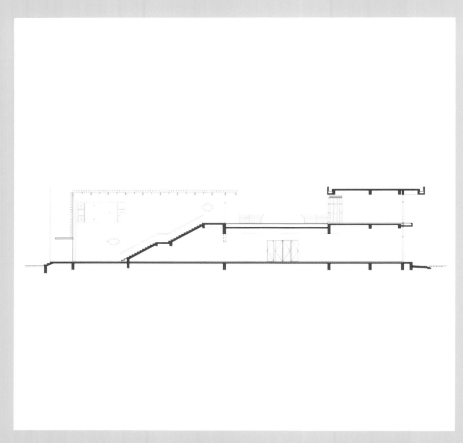

二号服务节点 剖面图

三号服务节点

　　基地位于园区道路与水面之间一块高差约4米的缓坡地中。为了充分利用湖面景观，并削弱由于新建筑的植入而带来的道路标高与湖面的阻隔，建筑的设计充分利用了这个高差。一方面，一层高的建筑主体嵌入坡地之中，建筑主立面呈弧形朝向水面，临水一侧的平台成为游客的室外休闲空间；另一方面，与道路连接的底层建筑屋面形成开敞的观景平台，从园区道路上看，建筑的大部分被隐藏在这个平台的下面，二层的建筑分列平台两侧，以通透的山墙面提供室内游客以良好的景观视野。整栋建筑在这里不再是阻隔人与湖的障碍，而成为彼此交流的媒介。

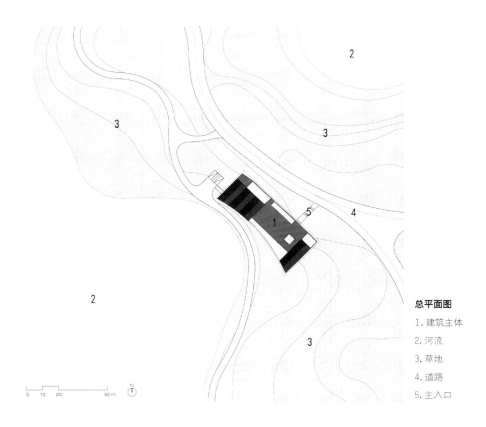

0　10　20　　　　50 m

N

总平面图

1.建筑主体

2.河流

3.草地

4.道路

5.主入口

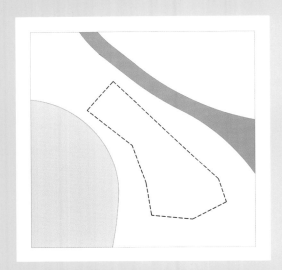

三号服务节点 分析图 1

道路与水面之间高差约为 4.20 米，
形成缓坡。可建设用地位于坡面上。

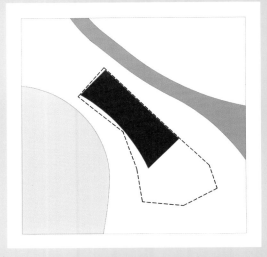

三号服务节点 分析图 2

在坡地上嵌入一层高的建筑主体，建
筑主立面呈弧形朝水面开放，建筑屋
面形成观景平台，与道路连接。

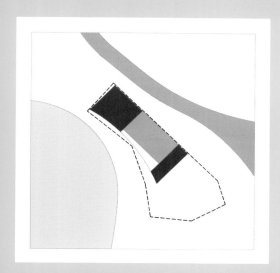

三号服务节点 分析图 3

观景平台临水一侧嵌入取景框，伸向
水面。

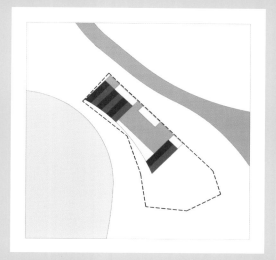

三号服务节点 分析图 4

建筑临水一侧设置景观平台，为游客
提供舒适的室外休闲空间。

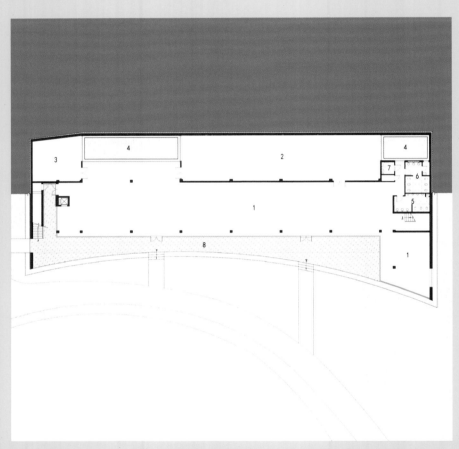

三号服务节点 一层平面图

1 就餐区   5 男卫生间

2 中餐厨房   6 女卫生间

3 西餐厨房   7 无障碍卫生间

4 庭院   8 木平台

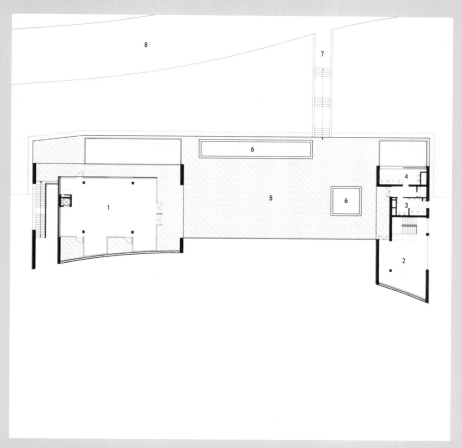

三号服务节点 二层平面图

1 咖啡茶座
2 游客服务中心
3 男卫生间
4 女卫生间

5 室外平台
6 种植池
7 主入口
8 道路

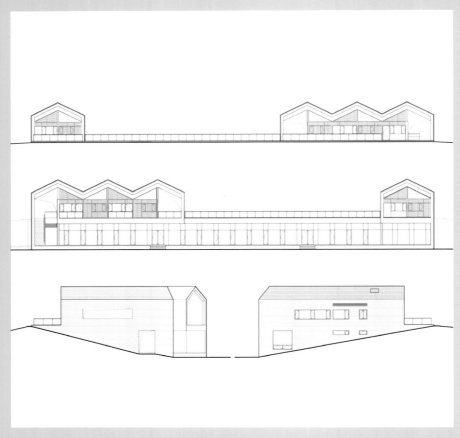

三号服务节点 立面图

147

四号服务节点

　　设计从一滴水的概念形成。在半岛状伸进湖面的基地中，建筑原定为水博物馆，因此设计以水为主题，把建筑定义在一片水滴状的浅水景观中。建筑南侧两层，北侧一层，屋面为观景平台，朝向湖面。建筑的外墙也以不同的曲面呼应南北不同的环境条件。建筑南立面曲面的墙上有不同形状的花窗，是对苏州园林中的花窗的记忆。建筑在水边，建筑也在水中。整个建筑的外界面由木格扇和玻璃作为主体墙面，仿佛一层轻轻的薄纱，让建筑变轻盈的同时，也构成了建筑丰富的内、外空间的过渡。

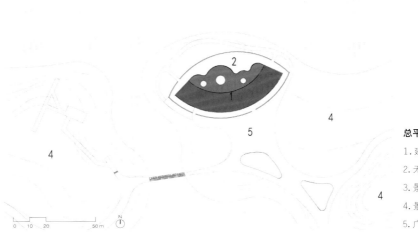

总平面图

1. 建筑主体
2. 无边界水池
3. 景观湖
4. 景观绿地
5. 广场入口

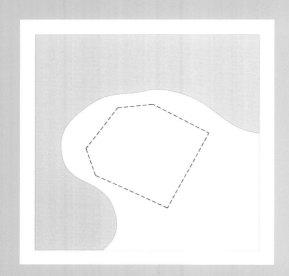

四号服务节点 分析图 1
基地呈半岛状伸入湖面，三面临水，
正北向为湖面中心区域。

四号服务节点 分析图 2
水博物馆以"水"为主题，在基地内
营造一片浅水景观。

四号服务节点 分析图 3

建筑位于浅水景观中央，南北立面轮廓
以两种不同的姿态对应周边景观环境。

四号服务节点 分析图 4

建筑南侧两层，北侧一层，屋面为观景
平台，朝向主体湖面。建筑周边为景观
水池，内部为水院，设计紧扣"水"之主题。

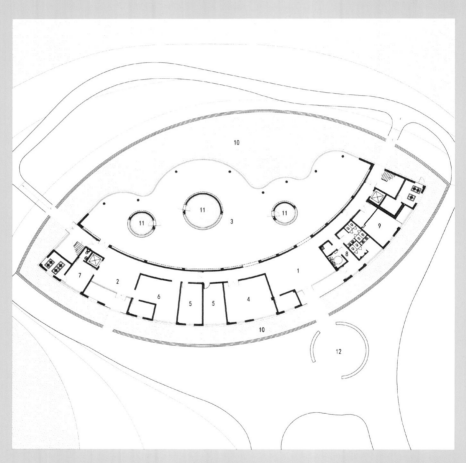

四号服务节点 一层平面图

1 入口门厅	5 办公室	9 设备间
2 次入口门厅	6 零售区	10 无边界水池
3 博物馆展厅	7 母婴室	11 内庭院
4 多功能室	8 卫生间	12 入口空间

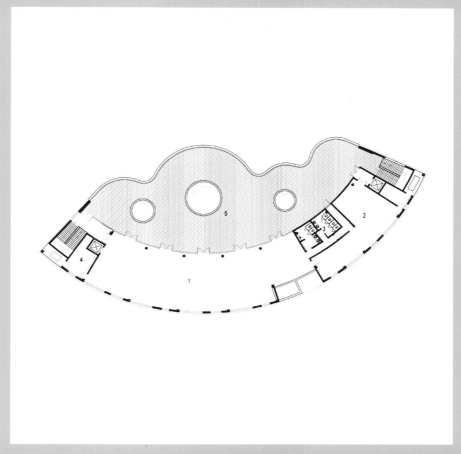

四号服务节点 二层平面图

1 餐饮空间   4 办公室

2 厨房   5 室外平台

3 卫生间

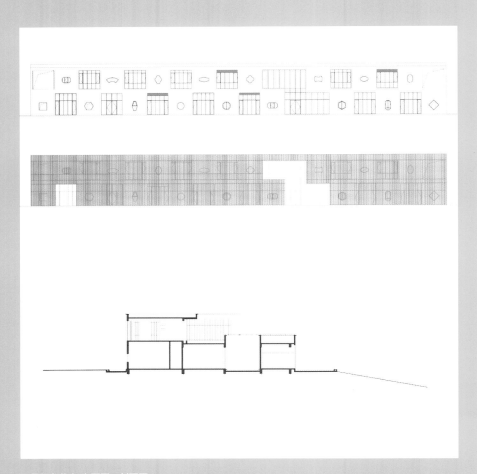

四号服务节点 立面图、剖面图

六号服务节点

　　基地周围是大片林木，因而设计的概念是一个简单的形体和基地中已有树木的一种交互作用，或者说是建筑对树的避让。因为四周都是树，所以架空的建筑部分采用了反射玻璃，能映射周围树木的枝叶和天空景象，使建筑能够消隐。另外，我们也想把建筑做得尽可能小，因此用林边的院子来界定空间，给人们提供休憩和活动的场所。围合的院子的矮墙由普通的水泥空心砖砌造而成，也是对该建筑临时性的一种表达。

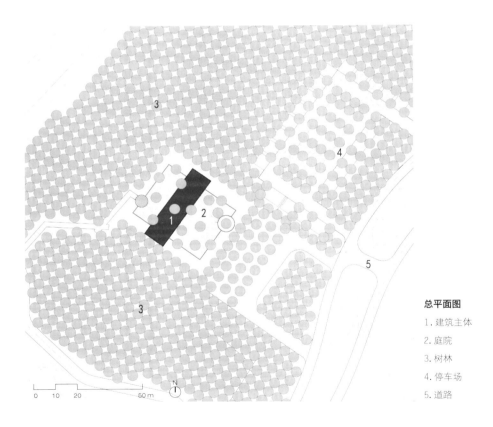

0　10　20　　　　50 m

N

总平面图
1.建筑主体
2.庭院
3.树林
4.停车场
5.道路

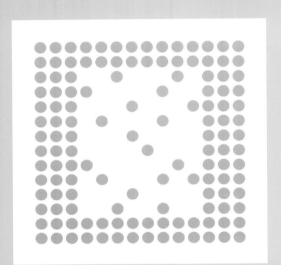

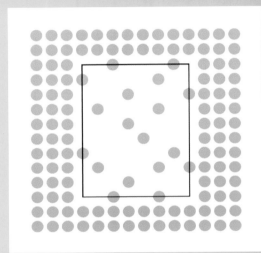

六号服务节点 分析图 1

基地位于一片树林中，处于园博园的
西端和太湖东边。

六号服务节点 分析图 2

加入矮墙围合的院子，在树林中创造
一个建筑的领域。

六号服务节点 分析图 3

在树林中插入建筑，建筑主体朝向园
博园方向。

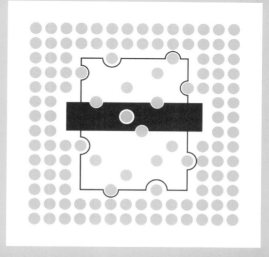

六号服务节点 分析图 4

对建筑和院子进行切口，并与现有树
木有机组合。

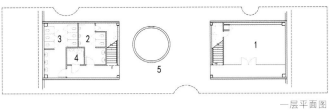

一层平面图

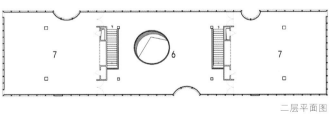

二层平面图

六号服务节点 平面图

1 旅游咨询
2 男卫生间
3 女卫生间
4 无障碍卫生间

5 室外活动空间
6 二层公共空间
7 二层平台

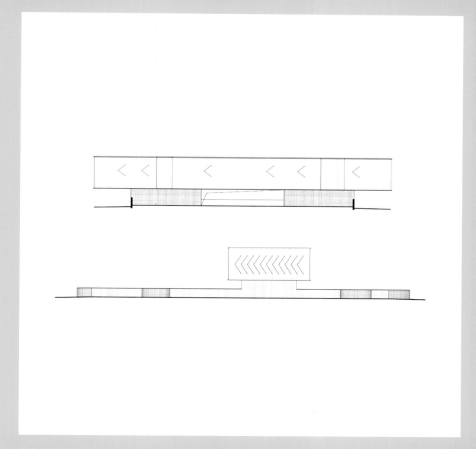

六号服务节点 立面图

附录

苏州太湖园博园
地址：苏州市吴中区文曲路305号

附录

项目建筑师及事务所介绍

董功，直向建筑创始人／主持建筑师，毕业于清华大学，获得清华大学建筑学学士学位和硕士学位，后留学美国，获得美国伊利诺伊大学建筑学硕士学位，其间作为交换学生在德国慕尼黑理工大学建筑学院交流学习。留美期间先后工作于 Richard Meier & Partners 和 Steven Holl Architects。

回国后于 2008 年创立直向建筑事务所，事务所及其作品曾多次被重要媒体报道和发表，并获得诸多国内外奖项。

代表项目

船长之家改造
海边图书馆、海边教堂
重庆桃源居社区中心
ALILA 阳朔度假酒店
苏州非物质文化遗产博物馆
万科鲅鱼圈品牌中心
昆山有机农场系列游客中心、采摘亭
木木美术馆入口改造

主要获奖

2017　German Design Award 建筑类——特别推荐奖及空间设计类最佳奖
2016　Iconic Awards 公共建筑类——最佳奖
2016　DFA 亚洲最具影响力设计奖——最高奖、建筑类单项金奖
2016　Blueprint Awards 最佳公共建筑（私人出资）类——特别推荐奖
2016　意大利 Archmarathon 奖——最高奖
2015　Blueprint Awards 最佳公共建筑（私人出资）类别——特别推荐奖
2015　A&D Trophy Awards 机构／公共类别——最佳建筑奖
2015　金点概念设计奖——年度最佳设计奖（空间设计类）
2014　美国《建筑实录》杂志评选的 2014 全球 10 大建筑设计先锋
2013　全国优秀工程勘察设计行业奖——一等奖
2012　WA 中国建筑奖——佳作奖
2010　中国建筑传媒奖——最佳建筑奖入围，最佳青年建筑师入围
2010　威尼斯双年展 CA'ASI 中国新锐建筑创作展，作品征集大赛——一等奖

张轲，于 1970 年出生，先后获得清华大学建筑学学士及建筑与城市设计硕士、哈佛大学建筑学硕士。2001 年，张轲创立标准营造事务所，其实践超越了传统的设计职业划分，涵盖了城市规划、建筑设计、景观设计、室内设计及产品设计等各种专业，并在一系列重要文化项目的基础上，发展了在历史文化地段中进行景观与建筑创作的特长和兴趣，是中国目前最优秀的设计团队之一。

代表项目

瑞士诺华制药上海园区办公楼

北京胡同更新系列项目

苏州园博会主展馆

雅鲁藏布小码头

南迦巴瓦接待站

主要参展

2017 德国 Bielefeld 建筑个展

2016 第十五届威尼斯建筑双年展"前线报道"主题展

2015 柏林 Aedes Architekturforum 建筑个展

2013 维也纳应用艺术博物馆（MAK）"Eastern Promises"展览

2012 米兰设计周展览

2006 荷兰建筑学会（NAi）"中国当代"展

主要获奖

2017 阿尔瓦·阿尔托奖

2016 阿卡汗建筑奖

2013 中国博物馆建筑大奖——优胜奖

2012 智族 GQ 年度设计师

2012 芝加哥国际好设计奖

2011 国际石造建筑奖

2010 美国建筑实录国际十大设计先锋

2010 WA 中国建筑奖——优胜奖

2008 中国建筑传媒奖——青年建筑师奖

2006 WA 中国建筑奖——优胜奖

附录

赵扬，1980 年出生于重庆市。2005 年，获清华大学建筑学硕士学位；2007 年，在北京创立赵扬建筑工作室；2010 年，获 WA 中国建筑奖优胜奖；同年，赵扬赴哈佛大学设计研究生院学习，并于 2012 年获哈佛大学建筑学硕士学位，并获选哈佛大学优秀毕业生。归国后，赵扬将工作室迁往云南大理，探索建筑实践在转型期的中国城镇和乡村的可能性，并在以"双子客栈""喜洲竹庵"为代表的一系列精品酒店、定制住宅和城市公共空间的设计中，探索建筑学对场所特质和生活方式的回归。2012 年，赵扬获选"劳力士艺术导师计划"，在普利茨克奖得主，日本著名建筑师妹岛和世的指导下，完成日本气仙沼市"共有之家"建筑项目。

"赵扬的建筑作品，现代而且抽象，一种对当下的洞见，而不是对过去形式的模仿。但是潜藏于作品深处的，又是一种古老的观念——场所精神中的秩序观——每一个特定场所中事物的秩序赋予建筑以形式、运动和节奏。赵扬竭力在每个场所中寻找一种'存在的理由'，并将此呈现为当下的形态。这是一种充满勇气和远见的尝试，一种理智而又感性地回应这个飞速变化的中国情景的方式。"[1]

赵扬应邀在清华大学、同济大学、香港中文大学、日本东北大学、马来西亚建筑师学会、杰弗里·巴瓦基金会举办学术讲座。赵扬建筑工作室的作品和访谈也曾广泛发表于国内外著名期刊。

[1] 引自 Erwin Viray 在《亚洲日常：演变的世界的可能性》（TOTO 出版，2015）里关于赵扬建筑工作室的导言。Erwin Viray 是 TOTO 间画廊策展委员之一，也是京都工艺纤维大学工艺科学研究科建筑造形学部门教授。

代表项目
双子客栈
喜洲竹庵
柴米多农场餐厅和生活市集
大理古城既下山酒店
苏州园博会综合服务中心

主要参展
2015 东京"间"画廊"来自亚洲的日常"展
2014 威尼斯建筑双年展"应变·中国的建筑和变化"平行展

主要奖项
2010 WA 中国建筑奖——优胜奖

王硕，建筑师、城市研究学者，是 META- 工作室及 META- 跨界研究院的创始合伙人。他曾在纽约、鹿特丹、北京多家国际知名的设计事务所担任重要职位，负责的项目实施地包括纽约、芝加哥、伦敦、阿联酋、以及东南亚主要城市、上海、北京。王硕近年的研究主题关注在亚洲城市前所未有的城市转变中不断涌现出的城市动态和新型社会 / 文化现象，以及在这一语境下，都市青年人如何定义"当代"生活方式的转变。

代表项目

燕京里青年社区

森之舞台

新青年公社

悬浮毛毡概念展厅

西海边的院子

北京亦庄万科品牌中心

重启宅

水塔展廊（改造）

0-1-2 宅

街面（下）停车楼

苏州园博会运营管理中心

主要参展

2015 从"实验性建筑"到"批评实用主义"——GSD 中国独立建筑师的当代实践

2015 城市原点——深港城市\建筑双城双年展

2015 蹊径——中国新生代建筑师展览

2015 [超胡同]——穿越中国——从北京出发，2015 米兰世博会

2013 城市 [超进化] 研究——上海艺术设计展

2013 水塔展廊——西岸建筑与艺术双年展

主要奖项

2016 WA 中国建筑奖——居住贡献佳作奖

2016 WAN AWARDS——小尺度建筑奖

2013 美国格莱汉姆基金会——个人奖金

2012 台湾建筑师杂志社——大陆新锐建筑师

王路，留德博士，清华大学建筑学院教授、博士生导师，壹方建筑创始合伙人。
曾获意大利国际石材建筑佳作奖、中国建筑学会建筑创作优秀奖、芝加哥国际建筑奖、住
建部首届田园建筑一等奖，是 2016 年第十五届威尼斯国际建筑双年展中国馆参展建筑师。
2000-2012 年，王路曾任《世界建筑》杂志主编；2002 年，创建 WA 中国建筑奖——中国当代
最有影响力的建筑奖项之一。

李坚，东南大学建筑学学士、清华大学建筑学硕士，一级注册建筑师，壹方建筑创始合伙人。
曾任太平洋建筑设计工程有限公司常务副总经理、副总建筑师。
获奖：国家教委科技进步二等奖、建设部直属设计院优秀设计奖（两次）、2009 中国建筑学
会建筑创作优秀奖。

壹方建筑代表项目
天台博物馆（浙江天台）
耒阳希望小学（湖南耒阳）
太原阳光地带公建群（山西太原）
天台民俗博物馆（浙江天台）
太原城市建设馆（山西太原）
袁隆平水稻博物馆（湖南长沙）
浏阳河风光带小公建群（湖南长沙）
中惠锦堂住宅（湖南长沙）
苏州园博会服务建筑系列

后记

　　作为沪上最活跃的非官方学术论坛，Let's Talk 一直专注于城市研究与建筑创新领域的讨论和知识传播。2016 年，我们受第九届江苏省园艺博览会建设管理单位——苏州市吴中区园博工作局委托，参与园博园主要建筑的设计咨询，并邀请国内知名建筑师进行地方语境下园博建筑的创新实践。本书的编辑出版即是对此次设计活动的回顾与记录，也是 Let's Talk 学术论坛在城市建筑研究领域的第一次出版活动。我们希望未来能以系列出版的方式，持续呈现我们的研究与讨论。

　　本书能够顺利付梓，得益于许多人的共同努力。首先要特别感谢苏州市吴中区园博工作局的各位领导，他们促成了这批园博建筑项目的实践与探讨，并为本书的出版提供许多帮助。还要感谢各项目建筑师及其事务所对出版工作的热情支持和积极配合，在编著过程中为我们提供了详实的项目资料与照片。感谢绵延工作室为本书进行了富有创新的装帧设计和排版；感谢编辑团队及同济大学出版社的同仁给予的支持。

181

戴春
2017 年 10 月

图书在版编目（CIP）数据

园博建筑的创新性：苏州太湖园博园建筑设计探索 /
戴春，庄勤华编著 . -- 上海：同济大学出版社，
2018.3
ISBN 978-7-5608-7519-4

Ⅰ . ①园… Ⅱ . ①戴… ②庄… Ⅲ . ①园艺－博览会
－建筑设计－研究－江苏 Ⅳ . ① TU242.5

中国版本图书馆 CIP 数据核字（2017）第 289004 号

《园博建筑的创新性——苏州太湖园博园建筑设计探索》
Innovations in Architecture at Suzhou Taihu Garden Expo
编著：戴春 庄勤华
出品人：华春荣
策划：Let's Talk 学术论坛
责任编辑：江岱
助理编辑：孙彬
装帧设计：绵延工作室 ｜ Atelier Mio
责任校对：徐春莲

出版发行：同济大学出版社
地址：上海市四平路 1239 号
电话：021-65985622
邮政编码：200092
网址：www.tongjipress.com.cn
经销：全国新华书店

印刷：上海安兴汇东纸业有限公司
开本：787mm×1092mm 1/16
字数：287 000
印张：11.5
版次：2018 年 3 月第 1 版 2018 年 3 月第 1 次印刷
书号：ISBN 978-7-5608-7519-4
定价：98.00 元